BEI GRIN MACHT SICH IH... WISSEN BEZAHLT

- Wir veröffentlichen Ihre Hausarbeit, Bachelor- und Masterarbeit

- Ihr eigenes eBook und Buch - weltweit in allen wichtigen Shops

- Verdienen Sie an jedem Verkauf

Jetzt bei www.GRIN.com hochladen und kostenlos publizieren

Bibliografische Information der Deutschen Nationalbibliothek:

Die Deutsche Bibliothek verzeichnet diese Publikation in der Deutschen National-bibliografie; detaillierte bibliografische Daten sind im Internet über http://dnb.d-nb.de/ abrufbar.

Impressum:

Copyright © 2018 GRIN Verlag
Druck und Bindung: Books on Demand GmbH, Norderstedt Germany
ISBN: 9783668905122

Dieses Buch bei GRIN:

https://www.grin.com/document/454248

Niklas Würtele

Aus der Reihe: e-fellows.net stipendiaten-wissen

e-fellows.net (Hrsg.)

Band 3051

Support Vector Machines in der Bilderkennung

Entscheidungshilfe durch Algorithmen

GRIN Verlag

GRIN - Your knowledge has value

Der GRIN Verlag publiziert seit 1998 wissenschaftliche Arbeiten von Studenten, Hochschullehrern und anderen Akademikern als eBook und gedrucktes Buch. Die Verlagswebsite www.grin.com ist die ideale Plattform zur Veröffentlichung von Hausarbeiten, Abschlussarbeiten, wissenschaftlichen Aufsätzen, Dissertationen und Fachbüchern.

Besuchen Sie uns im Internet:

http://www.grin.com/

http://www.facebook.com/grincom

http://www.twitter.com/grin_com

MACHINE LEARNING: ANWENDUNG VON SUPPORT VECTOR MACHINES IN DER BILDERKENNUNG

Institut für Mathematik
der Universität Augsburg

Seminararbeit

vorgelegt von

Niklas Würtele

Inhaltsverzeichnis

1 Einführung in das Maschinelle Lernen und die Thematik

Zur Lösung der meisten mathematischen Probleme benötigen wir einen Algorithmus, den wir rechnerisch ausführen können. Diese Abfolge von Operationen wandelt unser Problem als Input in eine Lösung als Output. Was aber, wenn wir einen solchen Algorithmus nicht haben? Zum Beispiel bei der Klassifizierung von E-Mail Spam oder bei der Bilderkennung ist dies oft der Fall. Da im E-Mail Beispiel die Klassifizierung auch von Person zu Person unterschiedlich ist, wird man nur schwer einen allgemeingültigen Algorithmus für dieses Problem definieren können. Dieses Problem lässt sich allerdings mithilfe einer großen Menge an Daten lösen. Wenn wir nämlich selber klassifizieren, kann der Computer aus unseren Entscheidungen lernen und dadurch neue Objekte selbst einstufen. Eine solche Logik wollen wir nun bei der Erkennung von Haarwurzeln in Bildausschnitten einsetzen. Konkret sollen dazu *Support Vector Machines (SVM)* genutzt werden, ein Model, das zum überwachten Lernen gezählt wird, man kann also seine Resultate mit den richtigen Ergebnissen vergleichen und damit das Modell validieren (vgl. Ethem [1]). Dazu werden wir zunächst genauer auf dieses Modell eingehen und dann erklären wie dieses mithilfe von Python auf unser Ausgangsproblem angewandt werden kann.

2 Support Vector Machines

Im Folgenden Kapitel orientieren wir uns an Hastie et. al. [5]. Bevor wir uns den tatsächlichen Algorithmen widmen, wollen wir zunächst das zu lösende Problem genauer betrachten:

Bemerkung 2.1 (Klassifizierungsproblem)
Gegeben seien N bereits klassifizierte Trainingsbeispiele $\{(x_1, y_1), (x_2, y_2), \ldots (x_N, y_N)\}$, wobei wir mit $x_i \in \mathbb{R}^p$ die *Ausprägungen* und mit $y_i \in \{-1, 1\}$ die *Klasse* bzw. *Label* des i-ten Beispiels beschreiben. Gesucht ist nun eine Funktion $G : \mathbb{R}^P \longrightarrow \{-1, 1\}$, die neue Punkte mit möglichst hoher Trefferrate einer der beiden Klassen zuteilt. Falls für die Ermittlung von G Informationen über die schon klassifizierten Beispiele einfließen, spricht man von *überwachtem Lernen* (vgl. Ethem [1]).

Mit den *Support Vector Machines* widmen wir uns in dieser Arbeit einem Vertreter des angesprochenem überwachten Lernens. Sie stellen eine Verallgemeinerung der

Linear Decision Boundaries für Klassifizierungsprobleme dar. Zweiteres beschreibt lineare Hyperebenen, die die Beobachtungen x_i im $\mathbb{R}^p$ linear voneinander trennen. Falls die Testdaten linear separierbar sind, kann eine *Optimal trennende Hyperebene* gefunden werden. Dies werden wir in **Kapitel 2.1** genauer betrachten.

Die klassischen Support Vector Machines kommen im allgemeineren Fall zum Einsatz, dass keine lineare Separierbarkeit gegeben ist. Eine Möglichkeit damit umzugehen ist, Missklassifikationen in begrenztem Maße zuzulassen. Das wird in Kapitel **2.2** betrachtet.

In einem weiteren Ansatz wird eine nichtlineare Trennebene durch die Konstruktion einer linearen Trennebene in einem größeren, aus dem $\mathbb{R}^p$ transformierten Raum erstellt. Diesen sogenannten *Kernel SVMs* werden wir uns in Kapitel **2.3** widmen.

2.1 Lineare SVMs für linear separierbare Muster

2.1.1 Lineare Separierbarkeit und trennende Hyperebenen

In diesem Unterkapitel gehen wir davon aus, dass die Testdaten bezüglich ihrer Klasse, insbesondere also die Mengen $A := \{x_i : y_i = -1\}$ und $B := \{x_i : y_i = 1\}$ linear separierbar sind.

Definition 2.2 (Lineare Separierbarkeit)
Zwei Teilmengen $A, B \subset \mathbb{R}^p$ heißen linear separierbar, wenn $p+1$ Punkte $k, \beta_1, .., \beta_p \in \mathbb{R}$ existieren, sodass

$$\forall a \in A, b \in B: \quad \sum_{i=1}^{p} a_i \beta_i \ \leq \ k \ < \ \sum_{i=1}^{p} b_i \beta_i$$

Falls wir Punkte wie in der obigen Definition finden können, dann ist durch

$$\{x \in \mathbb{R}^p : \ \sum_{i=1}^{p} x_i \beta_i \ = \ k\}$$

oder in Vektorschreibweise mit $\beta := (\beta_1, ..., \beta_p)$ und $\beta_0 := -k$ durch

$$\{x \in \mathbb{R}^p : \ f(x) \ = \ x^T \beta + \beta_0 = 0\} \tag{2.1}$$

eine *trennende Hyperebene* definiert, die die beiden Klassen im $\mathbb{R}^p$ voneinander abgrenzt. Somit haben wir eine Funktion $f(x) \ = \ x^T \beta + \beta_0$ mit $y_i f(x_i) \geq 0 \ \ \forall i$ gefunden, die die intuitive Klassifikationsregel

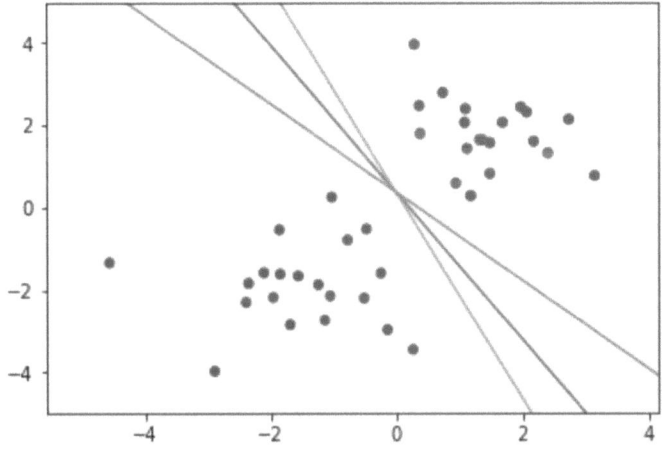

Abbildung 1: *Trennende Hyperebenen im $\mathbb{R}^2$*

$$G(x) = sign[x^T\beta + \beta_0] \qquad (2.2)$$

nahelegt.

Beispiel 2.3

In Abbildung 1 sehen wir einen Trainingsdatensatz mit zwei Features, wobei die Klassen durch die Färbung gekennzeichnet sind, sowie drei mögliche trennende Hyperebenen. Der Datensatz ist somit linear separierbar.

2.1.2 Optimale Trennebenen

Wie wir an Abbildung 1 gesehen haben, können beliebig viele trennende Hyperebene existieren, was die Frage nach einer *optimalen Trennebene* aufwirft. Dafür wollen wir zunächst einige vektoralgebraischen Eigenschaften von Hyperebenen aufführen:

Bemerkung 2.4

Sei H eine Hyperebene, die durch die Gleichung $f(x) = \beta_0 + \beta^T x = 0$ dargestellt ist. Dann gilt[1]:

---

[1]Wir schreiben $x \in H$ für "x liegt auf der Oberfläche von H- ($f(x) = 0$)

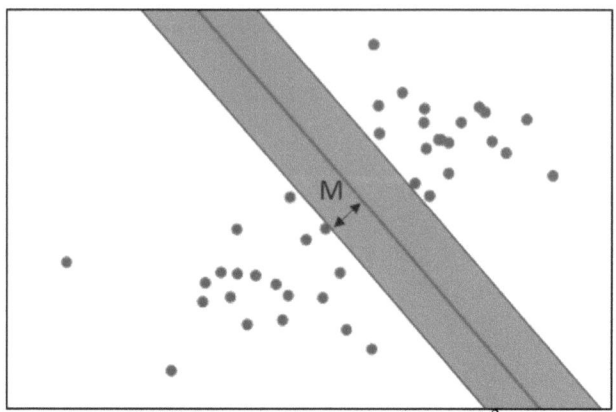

Abbildung 2: *Freiraum M im $\mathbb{R}^2$*

1. $\forall\ x_1, x_2 \in H:\ \ \beta^T(x_1 - x_2) = 0$
   $\implies\ \ \beta^* = \beta/||\beta||$ ist normal zur Oberfläche von H.

2. $\forall x_0 \in H:\ \ \beta^T x_0 = -\beta_0$.

3. Die *vorzeichenbehaftete Abstandsfunktion* eines Punktes x zu H ist gegeben durch

$$
\begin{aligned}
\beta^{*T}(x - x_0) &= \frac{1}{||\beta||}(\beta^T x + \beta_0) \\
&= \frac{1}{||f'(x)||} f(x).
\end{aligned}
\tag{2.3}
$$

$f(x)$ ist also *proportional* zur Entfernung eines Punktes x zur Hyperebene H.

Wir betrachten im Folgenden Hyperebenen mit $||\beta|| = 1$. Für diese Hyperebenen ist die Abstandsfunktion wie in 2.3 direkt durch $f(x)$ gegeben[2].

Eine *optimale Trennebene* soll nun den Abstand zu dem jeweils nähestem Punkt der beiden Klassen maximieren. Die Hyperebene wird also so ermittelt, dass ein möglichst großer Freiraum um die beiden Klassengrenzen in den Testdaten entsteht (s. Abbildung 2). Diese Bedingung führt zum folgenden Optimierungsproblem:

---

[2]Da $||f'(x)|| = ||\beta|| = 1$

4

$$\max_{\beta, \beta_0, ||\beta||=1} M \qquad (2.4)$$

$$s.t. y_i(x_i^T \beta + \beta_0) \geq M \qquad i = 1, ..., N$$

Die Nebenbedingungen gewährleisten hier, dass jeder Punkt einen Abstand von (betragsmäßig) mindestens M zur ermittelten Trennebene hat[3]. Die Einschränkung $||\beta|| = 1$ kann ersetzt werden, indem wir die Nebenbedingung zu

$$\frac{1}{||\beta||} y_i(x_i^T \beta + \beta_0) \geq M,$$

oder äquivalent zu

$$y_i(x_i^T \beta + \beta_0) \geq ||\beta|| M.$$

ändern. Falls ein Paar β_0, β diese Ungleichungen erfüllt, gilt das auch für alle positiven Vielfachen. Wir können deshalb $||\beta|| = 1/M$ setzen, was Problem (2.4) äquivalent macht zu

$$\min_{\beta, \beta_0} \frac{1}{2} ||\beta||^2 \qquad (2.5)$$

$$s.t. \quad y_i(x_i^T \beta + \beta_0) \geq 1 \qquad i = 1, ..., N$$

Die Nebenbedingungen definieren einen Freiraum mit Breite $M = 1/||\beta||$ um die Hyperebene, wobei β_0, β so gewählt werden, dass diese Breite maximal wird.
Die Darstellung in (2.5) entspricht einem konvexen Optimierungsproblem (quadratische Zielfunktion, lineare Nebenbedingungen). Die zu minimierende primale Lagrange-Funktion ist gegeben durch

$$L_P = \frac{1}{2} ||\beta||^2 - \sum_{i=1}^{N} \alpha_i [y_i(x_i^T \beta + \beta_0) - 1] \qquad (2.6)$$

Indem wir partiellen Ableitungen bzgl. β gleich Null setzen, erhalten wir

---

[3]Insbesondere ist bei $M > 0$ gewährleistet, dass es sich tatsächlich um eine trennende Hyperebene handelt.

$$\beta = \sum_{i=1}^{N} \alpha_i y_i x_i \tag{2.7}$$

und

$$0 = \sum_{i=1}^{N} \alpha_i y_i. \tag{2.8}$$

Durch Substituieren von (2.7) und (2.8) in (2.6) erhalten wir die duale Lagrange-funktion

$$L_D = \sum_{i=1}^{N} \alpha_i - \frac{1}{2} \sum_{i=1}^{N} \sum_{k=1}^{N} \alpha_i \alpha_k y_i y_k x_i^T x_k$$

$$s.t. \ \alpha_i \geq 0 \ \text{und} \ \sum_{i=1}^{N} \alpha_i y_i = 0 \tag{2.9}$$

Die Lösung kann durch Maximierung von L_D im positiven Orthant ermittelt werden. Dieses Problem ist leichter zu lösen als das primale. Die Lösung muss außerdem noch die *Karush-Kuhn-Tucker* Bedingungen erfüllen, die sich aus (2.7), (2.8), (2.9) und

$$\alpha_i[y_i(x_i^T \beta + \beta_0) - 1] = 0 \ \forall i. \tag{2.10}$$

zusammensetzen.

Bemerkung 2.5

Aus den KKT-Bedingungen können wir folgende Schlüsse ziehen:

- $\alpha_i > 0 \implies y_i(x_i^T \beta + \beta_0) = 1$, x_i liegt also auf der Grenze des Freiraums.

- $y_i(x_i^T \beta + \beta_0) > 1 \implies x_i$ liegt nicht auf der Grenze des Freiraums und $\alpha_i = 0$.

- Aus (2.7) und den zwei vorherigen Punkten sehen wir, dass β eine Linearkombination der Punkte auf der Grenze des Freiraums ist. Diese Punkte bezeichnen wir als *Support Vektoren*.

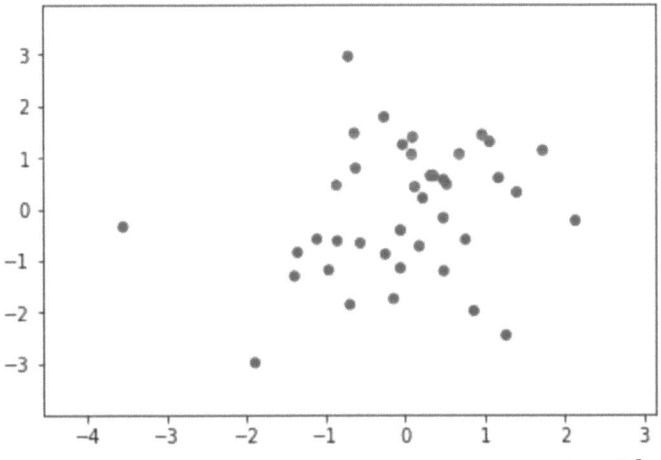

Abbildung 3: *Nicht linear separierbares Beispiel im $\mathbb{R}^2$*

Das Lösen dieses Problems liefert schließlich eine optimale Trennebene mit Funktion $\hat{f} = x^T \hat{\beta} + \hat{\beta}_0$ und die Klassifizierungsfunktion

$$\hat{G}(x) = sgn\hat{f}(x). \tag{2.11}$$

2.2 Lineare SVMs für nicht linear separierbare Muster

2.2.1 Definition

Falls sich die beiden Klassen jedoch überlappen wie im Fall von Abbildung 3, was sich in der Praxis nur äußerst selten vermeiden lässt, soll es für einige Trainingspunkte erlaubt sein durch die Klassifizierungsfunktion wie in (2.11) falsch klassifiziert zu werden, da es in einem solchen Fall unmöglich ist, die Daten mittels einer linearen Hyperebene zu trennen. Dafür definieren wir die Schlupfvariablen $\xi := (\xi_1, \xi_2, \ldots \xi_N)$ und lockern die Nebenbedingungen des Grundproblems (2.4) auf zu

$$y_i(x_i^T \beta + \beta_0) \geq M - \xi_i, \tag{2.12}$$

bzw.

$$y_i(x_i^T \beta + \beta_0) \geq M(1 - \xi_i), \tag{2.13}$$

$\forall i, \; \xi_i \geq 0, \; \sum_{i=1}^{N} \xi_i \leq$ const.

Wir entscheiden uns im Folgenden für Variante (2.13), da das daraus in den nächsten Schritten entstehende Optimierungsproblem weiterhin konvex ist. Der dadurch ermittelte Klassifizierer ist das, was im Allgemeinen als der klassische *Support Vector Classifier* bezeichnet wird.

Die Werte ξ_i in den Nebenbedingungen (2.13) geben an, wie weit sich die Vorhersage $f(x_i) = y_i(x_i^T \beta + \beta_0)$ im Verhältnis zur Breite M auf der falschen Seite des Freiraums befindet. Es liegt also genau dann eine Missklassifikation für einen Punkt x_i vor, wenn $\xi_i > 1$, durch die Begrenzung der Summe $\sum \xi_i$ wird damit auch die Anzahl der Missklassifikationen nach oben beschränkt.

Im nächsten Schritt transformieren wir das Problem analog zum vorherigen Kapitel durch Setzen von $M := 1/||\beta||$ und erhalten so das folgende Problem:

$$
\begin{aligned}
\min_{\beta, \beta_0, \xi} \quad & \frac{1}{2}||\beta||^2 \\
s.t. \quad & y_i(x_i^T \beta + \beta_0) \geq 1 - \xi_i \qquad \forall i \\
& \xi_i \geq 0, \quad \sum \xi_i \leq const.
\end{aligned}
\tag{2.14}
$$

Wir werden sehen, dass durch diese Wahl Punkte, die weit in ihrem eigenen Bereich liegen, wie im vorherigen Problem nur einen sehr geringen Einfluss auf die Form der Hyperebene haben. Neben den Support Vektoren auf der Grenze des Freiraums werden hier auch die neu hinzugekommenen missklassifizierten Punkte Einfluss nehmen.

2.2.2 Berechnung

(2.14) ist auch in diesem Fall wieder ein konvexes Optimierungsproblem. Wir können es durch Ersetzen der Konstante in den Nebenbedingunen durch einen Kostenparameter C in der Zielfunktion umformulieren zu

$$
\begin{aligned}
\min_{\beta, \beta_0, \xi} \quad & \frac{1}{2}||\beta||^2 + C \sum_{i=1}^{N} \xi_i \\
s.t. \quad & \xi_i \geq 0, \quad y_i(x_i^T \beta + \beta_0) \geq 1 - \xi_i \quad \forall i
\end{aligned}
\tag{2.15}
$$

Die primale Lagrangefunktion für dieses Problem ist definiert durch

$$L_P = \frac{1}{2}||\beta||^2 + C \sum_{i=1}^{N} \xi_i - \sum_{i=1}^{N} \alpha_i[y_i(x_i^T\beta + \beta_0) - (1 - \xi_i)] - \sum_{i=1}^{N} \mu_i\xi_i. \qquad (2.16)$$

Durch respektives Setzen der partiellen Ableitungen für $(\beta_i), \beta_0$ und (ξ_i) auf 0 erhalten wir die folgenden Gleichungen:

$$\beta = \sum_{i=1}^{N} \alpha_i y_i x_i, \qquad (2.17)$$

$$0 = \sum_{i=1}^{N} \alpha_i y_i, \qquad (2.18)$$

$$\alpha_i = C - \mu_i, \quad \forall i, \qquad (2.19)$$

mit $\alpha_i, \mu_i, \xi_i \geq 0 \ \forall i$. Indem wir diese in (2.16) substituieren, erhalten wir die duale Lagrange-Funktion

$$L_D = \sum_{i=1}^{N} \alpha_i - \frac{1}{2} \sum_{i=1}^{N} \sum_{j=1}^{N} \alpha_i \alpha_j y_i y_j x_i^T x_j. \qquad (2.20)$$

Die *Karush-Kuhn-Tucker Bedingungen* beinhalten neben den Restriktionen (2.17) - (2.19) noch die folgenden Bedingungen:

$$\alpha_i[y_i(x_i^T\beta + \beta_0) - (1 - \xi_i)] = 0, \qquad (2.21)$$

$$\mu_i\xi_i = 0, \qquad (2.22)$$

$$y_i(x_i^T\beta + \beta_0) - (1 - \xi_i) \geq 0 \qquad (2.23)$$

$$\alpha_i, \mu_i \geq 0 \ \forall i \qquad (2.24)$$

Das optimale β lässt sich wieder durch Maximierung von 2.20 unter $0 \leq \alpha_i \leq C$ bestimmen als

$$\hat{\beta} = \sum_{i=1}^{N} \hat{\alpha}_i y_i x_i, \tag{2.25}$$

wobei $\hat{\alpha}_i > 0$ genau dann, wenn die $\hat{\alpha}_i \neq 0 \iff y_i(x_i^T \hat{\beta} + \hat{\beta}_0) = 1 - \hat{\xi}_i$ gilt. Diese Punkte x_i werden *Support Vectors* genannt und bestimmen die Form von $\hat{\beta}$ unabhängig von den restlichen Punkten.

Falls diese Punkte an der Kante der Spannweite M liegen, gilt $\hat{\xi}_i = 0$ und $0 < \hat{\alpha}_i < C$, während für die übrigen Support Vectors auf der falschen Seite der Kante ($\hat{\xi}_i > 0$) gilt, dass $\hat{\alpha}_i = C$. Letztere Punkte haben also einen größeren Einfluss auf $\hat{\beta}$.

2.2.3 Anwendungsbeispiel für lineare SVMs

Die eben erläuterte Methodik lässt sich mittels der frei zugänglichen Machine Learning Bibliothek *scikit-learn* in Python sehr bequem auf gegebene Daten anwenden. In Abbildung 4 wurde ein linearer *Support Vector Classifier* für zweidimensionale Beispieldaten erstellt. Dabei geht es um Kundendaten eines Autoverkäufers und die SVM soll erkennen ob Kunden unterteilt nach Alter und Jahresgehalt ein bestimmtes Auto gekauft haben. Zur besseren Verarbeitung wurden beide Werte normalisiert. Wie man sieht lassen sich auch hier die Daten nicht mehr linear separieren, dennoch erscheint die berechnete Hyperebene sehr einleuchtend. Auf die Testdaten angewandt ergibt sich dabei folgende Konfusionsmatrix:

	Käufer	Käufer
Käufer	66	2
Käufer	8	24

Tabelle 1: *Konfusionsmatrix der Testdaten aus Abbildung 4*

Das sind durchaus ordentliche Ergebnisse, nur 2% der Personen wurden fälschlicherweise als Käufer eingestuft und 8% der tatsächlichen Käufer nicht als solche erkannt. Somit sind 90% der Daten richtig klassifiziert worden. Später werden wir diese Methodik zur Bilderkennung anwenden wobei wir dann statt der zwei Dimensionen aus dem Beispiel, eine für jeden Bildpunkt haben werden. Für solch komplexe Daten werden wir sehen, dass sich lineare SVMs deutlich schwerer tun, als sie das noch hier getan haben.

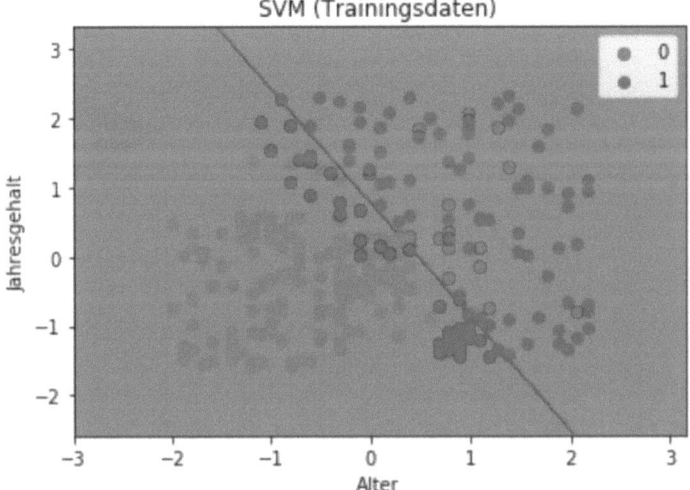

Abbildung 4: *Anwendung von SVMs auf Kundendaten. Werte der x und y Achse wurden dabei normalisiert. Auf der x Achse ist das Alter und auf der y Achse das geschätzte Jahresgehalt aufgetragen. Die Klassen 1 und 0 geben dabei jeweils an ob eine Kunde ein bestimmtes Auto gekauft oder nicht hat*

2.3 Kernel SVMs für nicht linear separierbare Muster

2.3.1 Grundlegendes

Während bisher stets lineare Hyperebenen betrachtet wurden, sollen als nächstes auch nichtlineare Trennebenen beschrieben werden. Durch eine Vergrößerung des Ausgangsraums entsteht eine neue lineare Hyperebene, welche sich im Original-raum dann in eine nichtlineare Ebene übersetzt. Damit lassen sich in der Regel dann bessere Resultate erzielen. Abbildung 5 soll diese Umwandlung in einen hö-herdimensionalen Raum veranschaulichen. Diese Transformation der Daten in eine höhere Dimenson ist allerdings deutlich rechenintensiver als der bisher besprochene Ansatz. Wir führen dazu Basisfunktionen

$$h(x) = (h_1(x), h_2(x), \ldots h_M(x)) \tag{2.26}$$

an und erzeugen die nichtlineare Funktion $\hat{f}(x) = h(x)^T \hat{\beta} + \hat{\beta}_0$. Die Klassifizie-rungsfunktion ergibt sich analog zum linearen Fall $\hat{G}(x) = sign(\hat{f}(x))$. Wir trans-

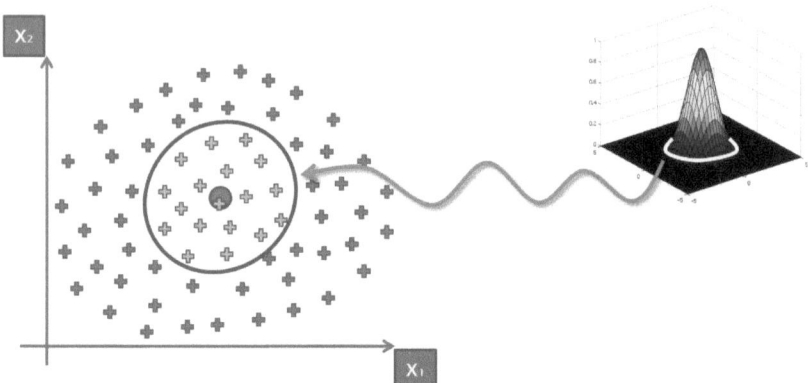

Abbildung 5: *Kernel Trick für nicht linear trennbares Beispiel im $\mathbb{R}^2$. Die zweidimensionalen Originaldaten werden zunächst um eine dritte Dimension erweitert. Im $\mathbb{R}^3$ lassen sich die Daten dann mittels einer Fläche fast perfekt separieren. Je höher dabei die Standardabweichung für die Radiale Basis gewählt wird, desto größer wir der Radius der Hyperebene bei Rücktransformation in den $\mathbb{R}^2$.*

formieren unsere duale Lagrangefunktion aus (2.20) zu

$$L_D = \sum_{i=1}^{N} \alpha_i - \frac{1}{2} \sum_{i=1}^{N} \sum_{j=1}^{N} \alpha_i \alpha_j y_i y_j \langle h(x_i), h(x_j) \rangle. \tag{2.27}$$

Mithilfe der Karush-Kuhn-Tucker Bedingung (2.17) können wir nun die Lösungsfunktion bestimmen:

$$\begin{aligned} f(x) &= h(x)^T \beta + \beta_0 \\ &= \sum_{i=1}^{N} \alpha_i y_i \langle h(x), h(x_i) \rangle + \beta_0 \end{aligned} \tag{2.28}$$

Dabei kann β_0, für ein gegebenes α_i mit $0 < \alpha_i < C$, wieder durch Lösen der Gleichung $y_i f(x_i) = 1$ in (2.28) bestimmt werden.

2.3.2 Kernelfunktionen

Allerdings müssen wir die Basisfunktionen $h(x)$ gar nicht kennen, sondern verlangen von ihnen nur folgende Eigenschaft:

$$K(x, x') = \langle h(x), h(x') \rangle, \qquad (2.29)$$

wobei K eine semi-positiv-definite Funktion ist, die wir Kernelfunktion nennen werden. Im Zusammenhang von SVMs oft gewählte Kernelfunktionen sind beispielsweise:

$$\text{Polynom } n\text{-ten Grades:} \quad K(x, x') = (1 + \langle x, x' \rangle)^d, \qquad (2.30)$$

$$\text{Radiale Basis:} \quad K(x, x') = \|x - x'\|^2, \qquad (2.31)$$

$$\text{Neuronales Netz} \quad K(x, x') = \tanh(\kappa_1 \langle x, x' \rangle + \kappa_2). \qquad (2.32)$$

Beispiel 2.6

Betrachte einen Raum mit den Vektoren X_1, X_2 und eine 2-Grad polynonmiale Kernelfunktion. Dann

$$
\begin{aligned}
K(X, X') &= (1 + \langle X, X' \rangle)^2 \\
&= (1 + X_1 X_1' + X_2 X_2')^2 \\
&= 1 + 2X_1 X_1' + 2X_2 X_2' + (X_1 X_1')^2 + (X_2 X_2')^2 + 2X_1 X_1' X_2 X_2' \quad (2.33)
\end{aligned}
$$

Damit erhalten wir sechs Basisfunktionen ($M = 6$) und können dafür

$$h_1(X) = 1, \qquad h_2(X) = \sqrt{2} X_1, h_3(X) = \sqrt{2} X_2$$
$$h_4(X) = X_1^2, \qquad h_5(X) = X_2^2, h_6 = \sqrt{2} X_1 X_2$$

wählen. Damit erhalten wir unsere Kernelfunktion $K(X, X') = \langle h(X), h(X') \rangle$.

Mithilfe von (2.28) können wir die folgende Transformation der Lösungsfunktion nutzen:

$$\hat{f}(x) = \sum_{i=1}^{N} \hat{\alpha}_i y_i K(x, x_i) + \hat{\beta}_0 \qquad (2.34)$$

Da C eine obere Schranke für α_i darstellt, bedeutet ein hoher Wert für die Kosten eine Reduktion von ξ_i und kann somit zu Overfitting führen. Auf der anderen Seite verringert ein niedriges C auch $||\beta||$ und erhöht somit die Spannweite M wodurch die Grenzebene $\hat{f}(x)$ geglättet wird.

2.3.3 Anwendungsbeispiel von Kernel SVMs

Durch Anwedung von Kernel SVMs auf den bekannten Datensatz aus Kapitel 2.4, lassen sich dort mit dem linearen SVM Ansatz erzielten Ergebnisse noch einmal verbessern. Wie in Abbildung 6 zu sehen, ergibt sich nun keine Gerade mehr als trennende Ebene sondern eine Kurve. Die Berechnung ist hier entsprechend aufwändiger und eher bei niedrigdimensionalen Daten anwendungsrelevant. Dennoch kann diese verbesserte Präzision in der Praxis entscheidend sein und man muss sich intensiv mit der Rechenintensitivität für große Datensätze auseinandersetzen. Wir werden uns daher in unserem Anwendungsbeispiel in Kapitel 3 mit linearen SVMs begnügen und sehen wie diese sich mit einem deutlich komplexerem Problem schlagen.

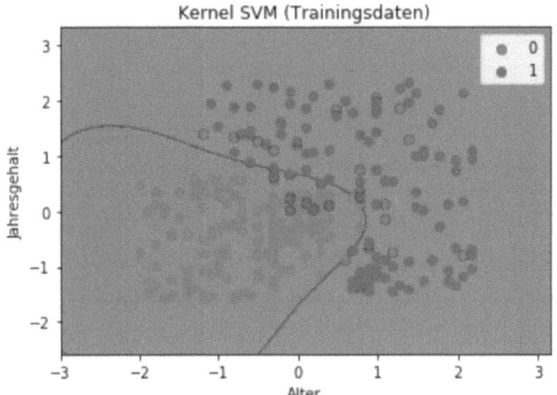

Abbildung 6: *Anwendung von Kernel SVMs auf dieselben Daten wie aus Abbildung 4. Werte der x und y Achse wurden dabei wieder normalisiert. Auf der x Achse ist das Alter und auf der y Achse das geschätzte Jahresgehalt aufgetragen. Die Klassen 1 und 0 geben dabei jeweils an ob eine Kunde ein bestimmtes Auto gekauft oder nicht gekauft hat*

Lösung	Klassifikation	
	Käufer	Käufer
Käufer	64	4
Käufer	3	29

Tabelle 2: *Konfusionsmatrix der Testdaten aus Abbildung 6*

3 Erkennung von Haarwurzeln mithilfe von SVMs

3.1 Grundproblem

Die eben erlernten Techniken von SVMs sollen nun auf einen konkreten Datensatz angewandt werden. 4000 Bilder mit je einer Auflösung von 1920x1080 Pixel, die Nahaufnahmen von Kopfhäuten enthalten, sollen darauf untersucht werden an welchen Stellen sie Haarwurzeln enthalten. Dazu wird zunächst jedes Bild in 16x9 Raster à 120x120 Pixel eingeteilt die dann jeweils für sich betrachtet mittels SVMs klassifiziert werden. Abbildung 7 zeigt eines der 4000 Trainingsbilder. Für diese Bilder sind zudem Lösungsvektoren gegeben, die für alle 144 Blöcke aller Bilder über 0/1 Werte angeben ob sich in diesem Bereich eine Haarwurzel befindet. Der gesamte Datensatz ist dabei über 3GB groß, was die Anwendung sehr rechenintensiv gestalten wird. Abschließend soll eine SVM trainiert werden mit der dann 1000 bislang unbekannte Bilder klassifiziert werden. Die Evaluation dieser Ergebnisse bleibt allerdings aus, da wir hierfür über keinerlei Lösungvektoren verfügen.

3.2 Datenimport und Aufbereitung

SVMs werden häufig im Gebiet der Bilderkennung eingesetzt, doch wie genau das funktioniert ist aus der bisher behandelten Theorie noch nicht ersichtlich. Das erste Problem mit dem man sich hier beschäftigen muss ist der Datenimport. Die trivialste Lösung hier ist es, jeden Pixel als 3-dimensionalen Vektor darzustellen und mit seinem RGB Werten zu befüllen. Diese können dann in Grauschattierungswerte verrechnet werden was uns schon einmal $\frac{2}{3}$ der Daten einsparen lässt. Wie sich später herausstellen wird, ist die Berechnungszeit damit immer noch exorbitant hoch, zumal auch die Python library *numpy* Probleme hat solch große Arrays zu speichern. Daher wurden die Bilder in einem weiteren Schritt in ihrer Auflösung reduziert von 1920x1080 auf 480x270 Pixel. Damit reduziert sich auch die Auflösung

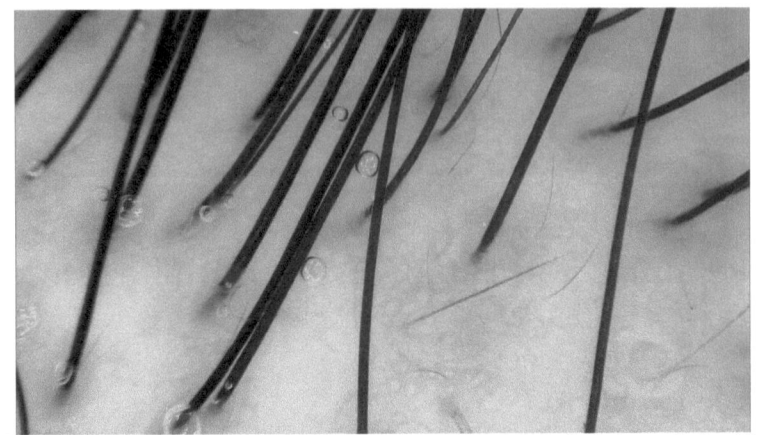

Abbildung 7: *Beispielhaftes Bild aus dem Haarwurzel Datensatz in 1080p.*

Lösung	Klassifikation	
	Haarwurzel	Haarwurzel
Haarwurzel	756	87
Haarwurzel	135	30

Tabelle 3: *Konfusionsmatrix der Klassifizierungen von 1.008 Testblöcken mit der Originalauflösung von 120x120 Pixeln. Die rechte Spalte zeigt die positiv klassifizierten Blöcke, die linke die negativen. Rechendauer: 103,6 Sekunden bei Training an 3.024 Blöcken. Es ergibt sich eine Precision von 0,256 und Recall von 0,182, woraus ein F_1-Score von 0,213 ergibt.*

der einzelnen Blöcken auf 30x30 Pixel. Das ist erneut eine Ersparnis von 93,75%. Die Datengröße wurde somit auf nur noch 2% der urpsrünglichen Daten verringert. Erste Tests auf einer kleineren Datenmengen von 28 Bildern zeigen, dass diese Verringerung verhältnismäßig wenig Einbußen in der Qualität der Klassifizierung der out-of-sample Daten mit sich bringt (siehe Tabellen 3, 4 und 5). Jedoch stellt sich ein Blick auf die Ergebnisse auch als äußerst ernüchternd dar. Dennoch ist die zeitliche Ersparnis bemerkenswert. Im Gegensatz zum vorherigen zweidimensionalen Beispieldatensatz, der in weniger als einer Sekunde klassifiziert wurde, haben wir es nun allerdings mit 900-, bzw. 14400-dimensionalen Daten zu tun, was das Ganze logischerweise wesentlich aufwändiger gestaltet.

Lösung	Klassifikation	
	Haarwurzel	Haarwurzel
Haarwurzel	789	54
Haarwurzel	143	22

Tabelle 4: *Konfusionsmatrix der Klassifizierungen von 1.008 Testblöcken mit einer reduzierten Auflösung von 60x60 Pixeln. Rechendauer: 27,9 Sekunden bei Training an 3.024 Blöcken. Es ergibt sich eine Precision von 0,289 und Recall von 0,133, woraus ein F_1-Score von 0,183 ergibt.*

Lösung	Klassifikation	
	Haarwurzel	Haarwurzel
Haarwurzel	791	52
Haarwurzel	147	18

Tabelle 5: *Konfusionsmatrix der Klassifizierungen von 1.008 Testblöcken mit einer reduzierten Auflösung von 30x30 Pixeln. Rechendauer: 8,4 Sekunden bei Training an 3.024 Blöcken. Es ergibt sich eine Precision von 0,257 und Recall von 0,109, woraus ein F_1-Score von 0,153 ergibt.*

Eine weitere Vereinfachung durch die Umwandlung der Bilder in ihre Feature Vectors mittels des KAZE Algorithmus stellte sich als nicht zielführend heraus, da durch diese Transformation einen hohen Rechen- und Speicheraufwand darstellt, aber die Ergebnisse nicht wesentlich besser sind.

3.3 Umsetzung in Python

Der erste Schritt zur Analyse ist das Einlesen der Daten in ein *Numpy Array*. Wie oben beschrieben wird dabei jedem der Pixel ein dreidimensionaler Vektor zugewiesen, der die jeweiligen RGB-Werte enthält. Die RGB-Werte werden dann in einen einzelnen Greyscale-Wert konvertiert. Anschließend wird diese $\mathbb{N}^{1920x1080}$-Matrix in 144 $\mathbb{N}^{120x120}$-Matrizen aufgeteilt, welche dann wiederum direkt auf $\mathbb{N}^{30x30}$-Matrizen skaliert werden. Der Code zu diesem Vorgang ist in Listing 1 zu sehen.

```python
from PIL import Image
import numpy as np
import pandas as pd

# Import und Abflachung der Evaluationsmatrix
train = pd.read_csv("train_bitmaps.csv", index_col=0, header = None)
train.columns = ["result"]
target = np.array([int(item) for picture in train["result"]
```

```
 9                    for item in picture])
10
11 # Funktion zur Aufsplittung der Bilder in quadratische Bildausschnitte mit
     Seitenlaenge block_size
12 def split_image(img, block_size):
13     for i in range(img.size[1]//block_size):
14         for j in range(img.size[0]//block_size):
15             area = [j*block_size, i*block_size,
16                     (j+1)*block_size, (i+1)*block_size]
17             yield img.crop(area).resize((30,30), Image.ANTIALIAS)
18
19 blocks = []
20 # Schleife ueber alle Bilder
21 for picNr in range(1000,5000):
22     img = Image.open("TrainingImages/"+str(picNr)+".jpg")
23     for block in split_image(img, 120):
24         # Konvertierung in flachen Vektor
25         blockData_flat = np.asarray(block.convert("L")).flatten('F')
26         blocks.append(blockData_flat.tolist())
27
28 # Konvertierung in Numpy Array
29 piclist = np.float32(np.asarray(blocks))
```

Listing 1: *Code zur Speicherung und Verarbeitung der Bilder zu Blöcken in einem Array.*

Sobald die Daten in dieser Form verarbeitet sind und auch die Lösungsvektoren, die jedem Block eine 1 oder 0 zuweisen, eingelesen sind, können SVMs sehr bequem angewandt werden (siehe Listing 2). Nachdem die Pixel in einer Variable X und die Ausprägungen in einer Variable Y gespeichert wurden, wird mittels der Funktion $train_test_split$ ein Traings- und ein Testdatensatz erstellt. Diese werden dann zunächst normalisiert bevor durch $svm.SVC()$ die SVM auf den Trainingsdaten (zufällige 75% der Ausgangsdaten) trainiert werden kann. Nach dem der Classifier erstellt wurde, wird dieser dann auf die Testdaten angewandt und zugleich die Resultate dieser Klassifizierung in Form einer Konfusionsmatrix errechnet.

```
 1 import numpy as np
 2 from sklearn.cross_validation import train_test_split
 3 from sklearn.preprocessing import StandardScaler
 4 from sklearn import svm
 5 from sklearn.metrics import confusion_matrix
 6
 7 X = np.array(piclist)
 8 y = np.array(target)
 9
10 # Aufteilen der Daten in Training- and Testdatensatz
11 X_train, X_test, y_train, y_test = train_test_split(X, y, test_size = 0.25,
     random_state = 0)
12
```

18

```
13  # Transformation der Daten auf Standardnormalverteilung
14  sc = StandardScaler()
15  X_train = sc.fit_transform(X_train)
16  X_test = sc.transform(X_test)
17
18  # Training der linearen SVM auf die Trainingsdaten
19  classifier = svm.LinearSVC()
20  classifier.fit(X_train, y_train)
21
22  # Anwendung der trainierten SVM auf die Testdaten und Auswertung der Resultate
23  y_pred = classifier.predict(X_test)
24  cm = confusion_matrix(y_test, y_pred)
```

Listing 2: *Training einer linearen SVM auf die eingelesenen Daten bei Einteilung in Test- und Trainingsdaten.*

Sollte man nicht nur den linearen Fall sondern auch nicht lineare SVMs betrachten wollen, geht dies analog. Es muss lediglich der Classifier in Zeile 19 folgendermaßen angepasst werden:

```
1  classifier = svm.SVC(kernel = 'rbf', C = 100, gamma = 0.01)
```

Listing 3: *Training einer nicht linearen SVM unter Verwendung der radialen Basisfunktion*

Dieses Beispiel gilt für den Fall, dass man die radiale Basisfunktion als Kernel nutzen möchte, hier sind allerdings diverse Inputfaktoren möglich.

3.4 Auswertung der Ergebnisse

Abschließend wurde diese Prozedur dann noch auf den kompletten Datensatz angewandt. Hier war wie gesagt lediglich der lineare Fall umsetzbar, da die Rechenzeit für komplexere SVMs bei dieser Datengröße enorm war. Die Ergebnisse waren bei Verwendung aller Daten dann jedoch äußerst ernüchternd. Während die Precision sehr hoch war, 41 von 55 erkannten Haarwurzeln waren auch tatsächlich welche, lag der Recall sehr weit unter den Testwerten. Es wurden nämlich nur 41 von insgesamt 21.153 Haarwurzeln erkannt, durch das Hinzufügen vieler Daten wurde der Classifier scheinbar äußerst streng, wodurch er auch genauer wurde aber eben enorm viele Haarwurzeln gar nicht erkannte. Hier hätte die Kernel SVM eventuell bessere Ergebnisse erzielt.

Lösung	Klassifikation	
	Haarwurzel	Haarwurzel
Haarwurzel	122.870	14
Haarwurzel	21.112	41

Tabelle 6: *Konfusionsmatrix der Klassifizierungen bei Verwendung aller Daten mit einer reduzierten Auflösung von 30x30 Pixeln. Rechendauer: 3.540 Sekunden bei Training an 3.000 Bildern (432.000 Blöcke) und Evaluation auf 1.000 Testbildern (144.000 Blöcke). Es ergeben sich Precsion von 0,745, Recall von 0,002 und ein F_1-Score von 0,004.*

3.5 Fazit und Diskussion

Wie wir zunächst in Kapiteln 2.2.3 und 2.3.3 gesehen haben, sind SVMs in der Tat in der Lage ohne Vorgabe einer konkreten Logik gegebene Daten sinnvoll zu klassifizieren. Die erhaltenen Trenneben haben auch der Kreuzvalidierung standgehalten und Testdaten beinahe ebenso gut separiert wie die Trainingsdaten. Ein weiterer Vorteil ist, dass im Gegensatz zu anderen Klassifizierungsalgorithmen durch die Transformation zu konvexen Problemen global optimiert wird. Ebenso sind die optimalen Hyperbenen immer eindeutig. Wie wir an Beispielen gesehen haben, sind die erhaltenen Ergebnisse leicht zu interpretieren.

Bei höherdimensionalen Anwendungsgebieten wie in unserem Fall der Bilderkennung stößt man allerdings auch das Problem, dass lineare SVMs keine befriedigenden Ergebnisse mehr liefern. Hier auf Kernel SVMs umzusteigenden lässt die Komplexität des Problems explodieren und übersteigt die Rechenleistung eines gewöhnlichen Heimcomputers. Für diesen Fall sind vermutlich andere Algorithmen, die gezielt Objekte wiedererkennen, besser geeignet.

4 Literaturverzeichnis

[1] E. Alpaydin (2004) Introduction to Machine Learning, The MIT Press, London, England.

[2] C.J.C. Burges (1998) A Tutorial on Support Vector Machines for Pattern Recognition, Data Mining and Knowledge Discovery 2, Seiten 121-167.

[3] S. Eberhardt (2006) Support Vector Machines for Pattern Recognition, Universität Ulm, Deutschland.

[4] K. Eremenko und H. de Ponteves Machine Learning A-Z: Hands-On Python and in Data Science (Online Course), Udemy Inc.

[5] T. Hastie, R. Tibshirani und J. Friedmann (2001) The Elements of Statistical Learning, Springer-Verlag, NY, USA.

[6] B. Schölkopf und A. J. Smola (2001) Learning with Kernels: Support Vector Machines, Regularization, Optimization, and Beyond, MIT Press, Cambridge, MA, USA.

[7] V. Vapnik (1995) The Nature of Statistical Learning Theory, Springer-Verlag, NY, USA.

BEI GRIN MACHT SICH IHR WISSEN BEZAHLT

- Wir veröffentlichen Ihre Hausarbeit,
  Bachelor- und Masterarbeit

- Ihr eigenes eBook und Buch -
  weltweit in allen wichtigen Shops

- Verdienen Sie an jedem Verkauf

Jetzt bei www.GRIN.com hochladen
und kostenlos publizieren